科学文化工程
科学史系列

造纸术

图说中国古代四大发明

TUSHUO ZHONGGUO GUDAI SIDA FAMING

ZAOZHISHU

◎汤书昆 主编

浙江出版联合集团
浙江教育出版社

前　言

造纸术、活字印刷术、火药和指南针，是中国古代文明的标志性成就，也是中华民族对世界文明所做的伟大贡献，深刻地影响了中国和世界文明的进程。本丛书将以“图说”的形式，为青少年读者呈现有关四大发明的点点滴滴。

从学习写字开始，“纸”就与我们的生活密不可分。可是，很少有人知道一张纸的生命历程：从林间的一棵树或地上的一丛草，到桌上的一页新纸，其间有多少精巧的工序与神秘的变化？

众所周知，把树皮和山草，或者是竹子、野藤、麻的纤维打浆制成一页页纸，这是勤劳智慧的中华民族的伟大发明。约2000年前，中国东汉时期的蔡伦总结提炼出了标准的造纸工序，从此蔡伦作为造纸术的发明人名垂史册，而中国手工造的纸也通常被认为是

“蔡侯纸”的传承。

不过，自从欧洲的科学家和工程师在19世纪发明了工业化的机器造纸技术以后，现代人普遍使用的纸都是由造纸机生产出来的。所以，我们希望本书能提供一席古老造纸文化的盛宴，让青少年了解传统手工造纸的技术秘密；也希望它能开启一扇回忆之窗，让传统手工纸千百年来文化积淀的光芒再次绽放。

本书由三个章节组成：“溯源篇”带你追溯造纸术的源起与传播；“文化篇”回顾纸在中国传统文化中的深刻印迹；“技艺篇”展示手工纸繁杂而精巧的制作工艺。

本书以手绘图为主，穿插手工纸实物图和高清摄影作品，以立体化的视角来展现纸的神奇故事，力求内容精确、精彩、精美。

目录

第一章 溯源篇——造纸术的源起与传播

小纸张改变大世界 6

今天纸的常见形式 8

纸出现以前古人的记事方式 10

蔡伦造纸 13

半岛纸的“星星之火” 14

日本造纸之始 18

士燮开启南亚造纸路 22

从阿拉伯走向西欧的造纸术 26

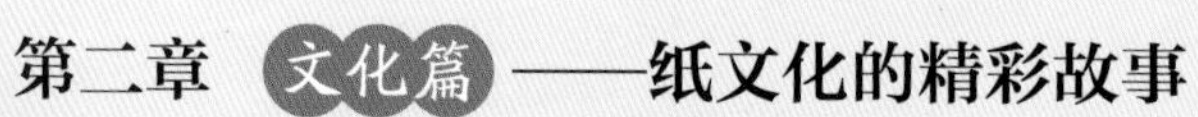

第二章 文化篇——纸文化的精彩故事

关于纸的有趣成语和俗语 32

纸出现之前的读书故事 34

中华一绝——文房四宝 40

历史悠久的纸文化 42

第三章 技艺篇——纸是怎样制作出来的

什么是手工纸 54

形形色色的手工纸 55

蔡伦造纸的原材料 56

蔡侯纸的制作流程 58

植物纤维从哪里来 60

纤维的改造——打浆 66

成纸方式之一——抄纸 68

成纸方式之二——浇纸 70

晾晒与烘烤 72

揭纸 74

成品纸 76

后记 77

第一章

溯源篇
——造纸术的源起与传播

本章从纸的前世今生谈起，介绍纸这种神奇的文明载体是如何在古代中国诞生并传承和发扬的。当然，纸文化不仅在中国发展，从约2000年前东汉时期的蔡伦提炼出标准的造纸工序后，造纸技艺及纸文化逐渐传遍了古代的亚欧大陆，从而开启了灿烂的纸文明之路。

小纸张改变大世界

发源于古代中国的纸，在人类文明中到底扮演了怎样的角色？

纸发明以前，人们处在交流非常不方便的时代。最初的时候，两个人必须面对面才能交流，为了交换一点点信息可能要走很远的路、花很多天的时间。后来，聪明人发明了刻在泥板上的泥板文字、刻在乌龟壳和野兽骨头上的甲骨文字、写在树叶上的贝叶经、写在竹木简上的简牍文字……但是，这些载体使用起来十分不便，比如泥板重得要命，恐怕要人抬着才能移动；竹木简一大堆也写不了多少内容——中国古人津津乐道的“学富五车”，其实不过相当于读了几本普通的书而已。

约在2200年前的西汉早期，中国人就造出了纸。20世纪中叶以来，中国考古学家在从西安到新疆的古丝绸之路上，发现了一批世界上最早的纸，其中有一张画着军事地图的残纸，震惊了全世界。历来被视为造纸术之父的蔡伦比已发现的最早的纸晚了约300年。严格地说，蔡伦是古代中国造纸工艺标准的建立人与纸文化的推广人。

法兰西学院院士、《纸之路》一书的作者艾瑞克·欧森纳曾说：“没有河流就没有纸，生产（中国）纸的地方，几乎都在山明水秀的地灵之处，只有接近最纯净的水源，才能造出最纯净的纸张。”

充满灵气的中国纸以白净、轻柔、便宜、适于批量生产的特色迅速征服了中华大地。从东汉开始，这种轻灵的载体使信息与知识的传播大大加速。文明史从漫长的“无纸时代”升级到“有纸时代”，几乎所有的知识传播形式都产生了对纸的依赖。抄写或印刷的纸与书流行天下，读书人开始大批量地诞生。浮现在纸上的中国文化成为古代文明传播与扩散的经典范本，中华文明也因此成了世界文明的一座高峰。

从公元 4 世纪起，中国独有的造纸术开始走向世界，先后传到了东亚和东南亚国家。公元 7 世纪时，阿拉伯人从怛罗斯之战的大胜中接触到纸和造纸工匠。“阿拉伯人惊叹之余决定非纸不用”（《纸之路》中的评语），从此，纸文明迅速扩展到中亚、西亚以及欧洲，一个持续近 2000 年的“有纸时代”文化世界逐渐成型，能够在纸上交流、学习、传播知识成为文明进步的象征。

今天，一个新的“无纸时代”正在降临，但与文明史上第一阶段的“无纸时代”完全不同，新的网络“无纸空间”释放出了超越时间与地域的巨大交流优势，文明史上的第三阶段令全世界欣喜与痴狂。

然而，全世界的人都不会忘记的是，中国发明的造纸术曾经引领全世界走进辉煌的“有纸时代”！

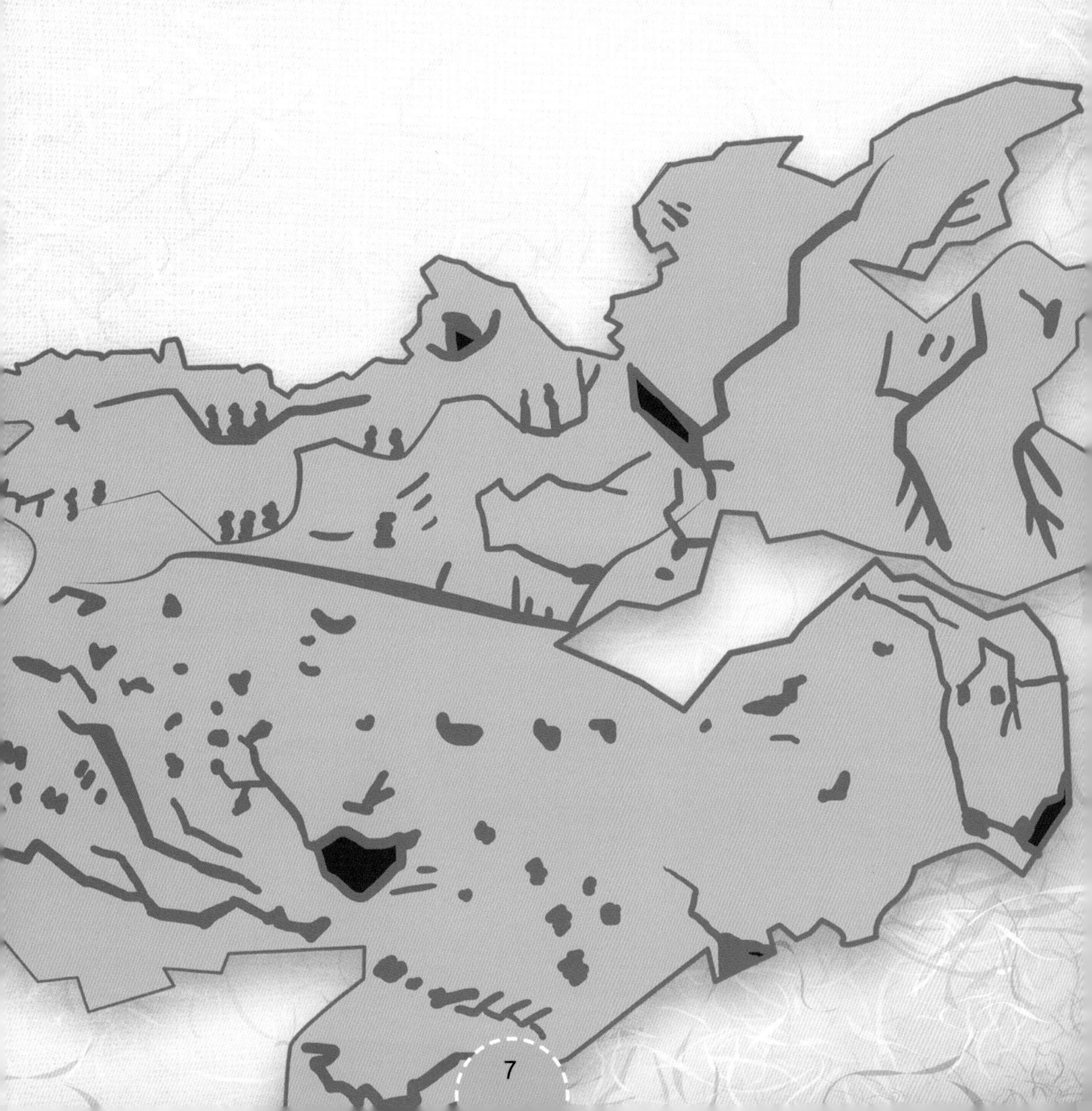

今天纸的常见形式

书籍、包装纸、餐巾纸、纸口罩、鞭炮红纸、折纸艺术品、扑克牌、婴儿纸尿布……今天纸制品的形式真可谓五花八门。除此之外，由于高新技术的发展，一些令人拍案叫绝的特种纸开始问世，如用石头粉制作的石头纸、可以打印电路的电路打印纸等。

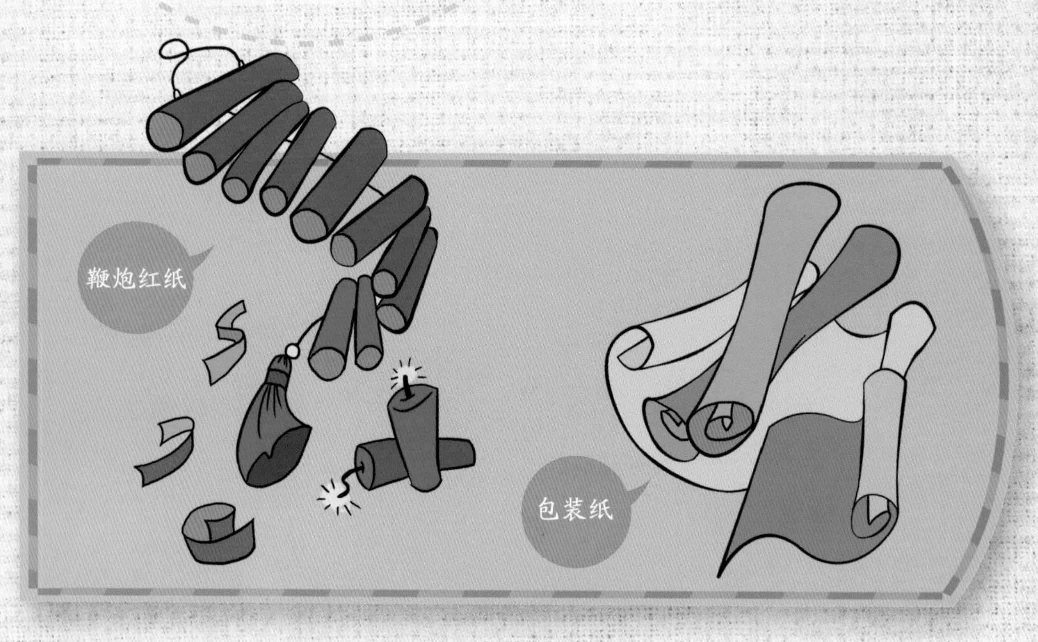

餐巾纸
电路
打印纸

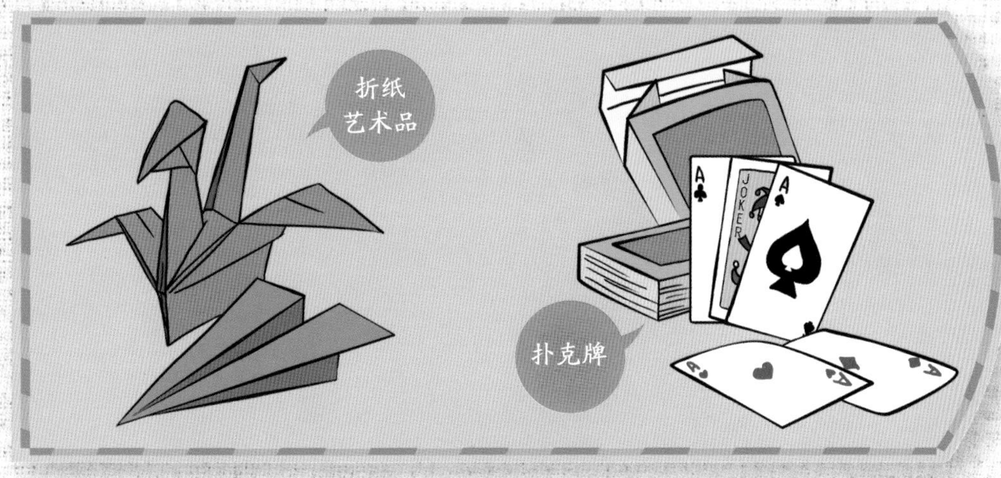
折纸
艺术品
扑克牌

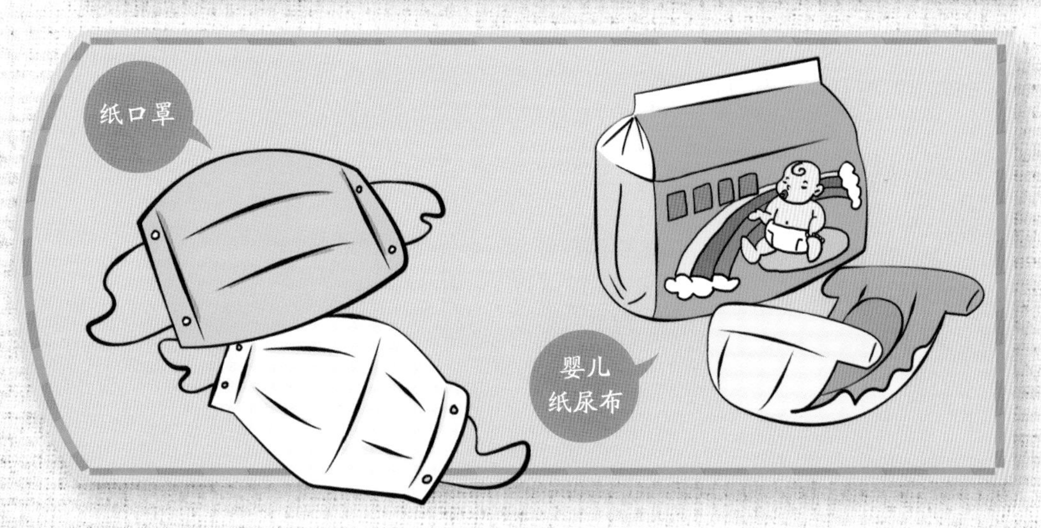
纸口罩
婴儿
纸尿布

纸出现以前古人的记事方式

结绳记事和堆石记事：在文字发明前，人们通过在绳子上打结或堆积石块的方法来记事。

在中国的商朝，古人在乌龟壳或野兽骨头上刻写文字或图案，主要是用来记录统治者预测事件吉凶以及可行性的占卜内容。这些刻在龟甲兽骨上的文字被称为“甲骨文”。

诞生在约 4600 年前的中国

绢帛

马王堆汉墓
出土的帛画

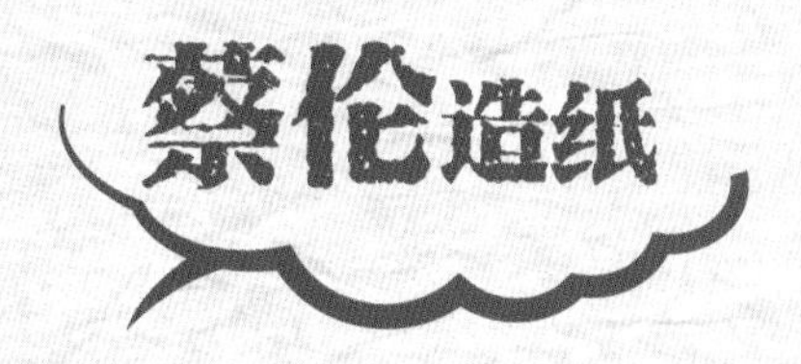

蔡伦造纸

虽然绢帛和简牍都可以用于书写，但是绢帛太昂贵，一般人根本用不起；而简牍又太重，携带和使用十分不方便。所以，东汉时期的蔡伦想要找出一种生产成本比较低的书写材料，让书写变得方便而且便宜，这样知识才能更大范围地普及开来。于是，他在总结前人经验的基础上，用树皮、破渔网、破布、麻头等作为原料，制成了适合书写的用植物纤维制浆的纸。

半岛纸的“星星之火”

蔡伦总结提炼出标准的造纸工序后，朝鲜和日本先后学习、引进中国的造纸术。后来，华人迁移、僧人求法、商人贸易往来等都直接或间接地促进了造纸术的外传。造纸术先后在东亚、东南亚、阿拉伯地区和欧洲传播开来，促进了各地的知识传播、文化交流和文明传承，在世界上产生了深远的影响。

公元 82 年，汉昭帝在朝鲜半岛设立乐浪和玄菟两个郡，由汉王朝直接统治管理。在汉王朝直管郡县期间，许多汉朝官员、学者、工匠、农民来到朝鲜半岛定居，将汉朝文化和技术带到了这里。据考证，当时乐浪郡已经用上了汉朝生产的麻纸。目前知道的朝鲜半岛开始使用纸的历史开始于东汉中期。

阿宝传经造纸

公元 6 世纪时，朝鲜半岛处于高句丽、百济和新罗三国并立时代。当时，朝鲜半岛与中国交流频繁，深受中国文化和技术的影响。半岛上建起了大批佛教寺院，人们大量抄写并朗诵佛经。同时，三国都推崇太学或国学，由经学博士向贵族子弟讲授儒家经典。据史书记载：有一位出色的经学博士叫阿宝，他是从中原移居到半岛的汉人。阿宝广开学堂，教授贵族子弟，而且他还曾经被选为使节出访中国。在中国交流期间，他看到了中国造树皮纸的技术，叹为观止。他想，要是能把这些技术带到半岛上去，就能满足当地的文化传播需要，不用再花大量钱财去遥远的中国买纸了。于是，阿宝重金聘请造纸工匠和他一起回国，这些工匠带去的造纸技术使朝鲜半岛的造纸业蓬勃发展起来。

坚实厚重的高丽纸

高丽国与中国的宋朝交往特别密切，当时的造纸技艺已有了很大的提高。高丽纸原料多样，有麻、楮、桑皮和藤皮等。每张高丽纸都有固定的规格，长 4 尺，宽 2.5 尺。高丽纸十分厚重，表面不平滑，写字时仅仅吸收水分而不容易吸墨。由于造纸过程中分解、漂白不太彻底，高丽纸一般偏红色或黄色。此外，高丽纸坚实、厚重，多为粗条帘纹，因此特别适合做书籍衬纸，甚至道袍、窗帘、雨帽、书夹等。

精彩纷呈的李朝造纸

公元 15 世纪时，朝鲜半岛进入李朝统治阶段。1412 年，李太宗在京师（今首尔）建立官营的造纸所。1419 年后，李世宗又将造纸所扩建成造纸署，造纸署内有很多造纸工匠，这些工匠由官员负责监督制造公文纸和印刷纸。同时，李世宗还在各道、府、州、县、郡建立官方造纸厂，并鼓励老百姓建立私营造纸作坊。这些造纸厂坊都学习中国明朝的做法，将造纸点设在靠近原料产地和有水源的地方。李朝时期，朝鲜半岛的造纸和印刷业都十分兴盛，有用各种各样原料造出的纸，如庆尚道的表纸、全罗道的表笺纸等。在当时，朝鲜半岛成为除中国以外造纸业最兴旺的地方。

朝鲜造纸所
朝鲜的特色名纸有藁精纸、麻骨纸、竹叶纸、造苔纸、柳木纸、羽纸、薏苡纸等，品类丰富，精彩纷呈。其制作工艺也别具特色，例如，羽纸就是用有颜色的羽毛混入纸浆制成的。

日本造纸之始

从汉朝开始，中国与日本就有直接往来和文化交流，而有时也会通过朝鲜半岛进行间接交往。由于中国在魏晋南北朝时期战乱频繁，朝鲜半岛也战火不断，有不少的中国贵族世家便前往相对太平的日本避难。其中，最著名的要数秦始皇第十三世孙弓月君、汉灵帝曾孙阿知使主以及汉高祖刘邦后裔王仁，他们渡海到日本岛的年代在公元 4 ~ 5 世纪。这些落难的公子王孙们，不仅带去了金银、玉帛等贵重物品，还把若干百姓工匠也一起带了过去。后来，日本大和朝廷根据中国移民的祖先来历，将弓月君的后裔称为“秦人”，将阿知使主与王仁的后裔称为“汉人”。

日本人将王仁称作和迩吉师，日本的历史学家通常认为他是日本最初的造纸者。王仁到达日本的时代，中国人用纸已有百年历史，王仁当然早已熟悉用纸书写。王仁见日本当地不产纸，只能从中国和朝鲜半岛进口，而大和朝廷修国史要耗用大量纸，使本已稀缺的纸更加稀缺，于是就组织经朝鲜半岛来的汉人工匠生产麻纸。尽管王仁主持造纸时的生产规模或许并不大，但已经可以部分满足需要。来自中国的造纸术就这样在王仁的安排下在日本扎下了根。

昙征东渡造楮皮纸

公元 5 ~ 6 世纪时，日本天皇听说很多技艺出众的汉人因为躲避战乱仍留在朝鲜半岛的百济国，便要求将他们送交日本。这些人中有一个叫作昙征的和尚，兼通儒学并且会造颜料和纸墨。昙征这批人与先前前往日本的王仁等不同，在日本属于“新渡汉人”。他们多从事农业和手工业生产，或在朝廷从事文书工作。

当时正是著名的圣德太子摄政时期，实施文化变革带来汉文化和佛教的大流行，但日本只会制作质量较差的麻纸，这让统治日本的摄政王很不满意。昙征来到日本后，圣德太子听说他会造质量上乘的树皮纸，于是立即重用昙征，让他指导人们在日本国内遍种楮树。等种下的楮树生长到一定阶段后，昙征向当地工匠传授生产较精细的楮皮纸的技艺。继王仁组织造麻纸之后，楮皮纸生产技艺的推广使日本造纸的水平进了一大步。

抄写佛经热与造纸术的流行

日本圣德太子推行改革新政，其中很重要的一条就是派众多留学生和留学僧入唐，全面引进中国文化。同时，圣德太子和之后继任的多位天皇都笃信佛教。圣德太子还亲自用自己喜欢的中国纸抄写了《法华经》、《维摩经》等经文。现在，这些 1500 年前的文物还都保存在日本的博物馆里。

圣德太子之后的天武天皇在 685 年下诏书，要求全国每户人家都设置佛堂，里面供上佛像和佛经，并且派大量书生和僧人写经。当时，用汉文抄写的《大藏经》一共 2500 卷，用了 38.8 万张纸，真是抄经用纸的国家大工程。而在 545 个寺院推行讲读《金光明最胜

王经》的国家行动，势必也耗用了大量的纸张。与此同时，民间的私人写经数量也相当大，至今在日本的古老寺院和民间，还能见到800至1000年前的手抄佛经经卷。纸这种当时新兴的媒介，对于佛教在日本早期的大传播发挥了相当大的作用；而大量抄写佛经，又对纸张的生产技艺提升起到了有力的推动作用。

多姿多彩的日本纸

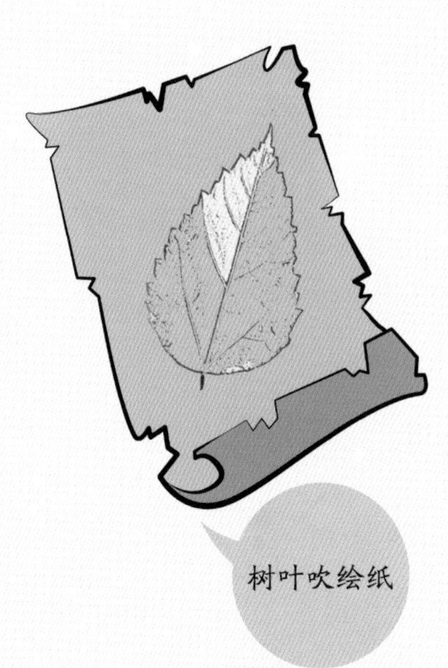
树叶吹绘纸

日本早期以麻纸为主，麻纸的主要原料是以大麻和荨麻科薮苎麻为主的麻类，相当于中国的大叶苎麻，麻纤维则来自破麻布或者生麻。平安时代(794～1192年)后，楮纸和斐纸占主导地位。楮纸是以构树皮、小构树枝条为原料制成的；斐纸的原料是雁皮(一种落叶灌木)，由于纸的颜色像鸟卵，又称为鸟子纸。1598年以后，日本也开始用瑞香科结香属的三椏树皮为原料造纸。早在奈良时代(710～794年)，除了本色纸之外，日本还学会了造色纸和加工纸。当时的色纸有红、蓝、黄、紫、绿等颜色，其中红色纸使用菊科红花染料染红，蓝色纸用大戟科山蓝染料染蓝，黄色纸用芸香科黄蘗皮染黄，紫色纸用紫草科紫草染紫，绿色纸用蓝靛与禾本科青茅汁相配作为染料染绿，用的都是纯植物染料。同时，奈良朝还制造出泥金银、冷金银色纸，日本称之为金银箔纸或箔打纸，是用毛刷将染液涂在纸上制作而成的。此外，日本当时还掌握了制作吹绘纸的各种吹染技术，即在纸上放树叶或各种形状的纸型，用吹雾器将雾状的染液吹在纸上，就能出现树叶的形状或其他形状，十分美观。这是日本自己发展出的独特技术。

士燮开启南亚造纸路

百姓前往交趾躲避战乱

公元 2 世纪的东汉末期，今天的越南一带被称为“交趾”。当时，广西人士燮担任交趾太守，他带领交趾百姓大力发展文教事业，被后世称为“南交学祖”。而当时中原地区正值汉末大战乱，士燮收留了大批南逃避乱的汉人工匠、农民和学者。从中原和江南来的学者在交趾创办学校教学生读书写字，这样一来就需要大量的纸。由于战乱时期交通中断，没有办法供应那么多的纸，士燮和学者们只有在当地造纸。最初的造纸者是从中原前往交趾的工匠，只会生产麻纸，3 世纪以后交趾才开始生产更细腻白净的楮皮纸。

交趾办学

造纸术传入印度

公元前 138 年，汉武帝派遣张骞前往西域，打通了中国与中亚、西亚直至欧洲的陆上贸易通道，开启了闻名于世的丝绸之路。5 世纪之前，印度佛经的学习

都是僧人之间口口相传，只有很少一部分抄在贝叶上成为贝叶经。唐朝时，印度人接触到了中国的纸，于是在公元7世纪梵文中出现了“纸”这个字。虽然印度人之前习惯用贝叶抄写佛经，但是随着需求的增加，贝叶已经供不应求。纸的出现正好满足了印度人的需求。当时，中国前往印度有好几条路可以走，一条是从新疆到达印度西北部，一条是从云南到达印度东北部，还有一条是从西藏到达印度北部。中国和外国的商人、僧人和使者不畏路途艰险，为印度运去了大量的中国纸。7世纪后期，梵文中就有了关于印度人用纸的记载。印度自己造纸的历史可以追溯到7世纪后期至8世纪前期，由于资料有限，我们无法准确地知道当时造纸的情况。据考证，最初的造纸厂设立在印度的北方和西北地区，例如克什米尔和旁遮普邦，之后南方地区也建立了造纸厂。11世纪末到12世纪初，印度境内纸本制造开始发展起来，用纸本记载事务成为一种时尚，造纸术也因此更广泛地传播开来。

义净苏门答腊求纸写佛经

公元 671 ~ 695 年，唐朝僧人义净去印度求法时，曾在今天印度尼西亚的苏门答腊岛上居住了 6 年。他在苏门答腊岛时没有抄佛经的纸，于是便委托中国的商人帮他从广州买纸。后来，他用从中国买来的纸撰写了《南海寄归内法传》和《大唐西域求法高僧传》，从此让印度尼西亚人接触到了中国纸。到了南宋末期，许多中国沿海居民漂洋过海来到印度尼西亚定居，带来了中国先进的技术，造纸术也因此传入了印度尼西亚。印度尼西亚人开始建立造纸厂，在纸上绘制字画长卷，生动地展现了当时岛上居民的生活情景。

华人与猫里务

菲律宾与中国福建、广东和台湾仅有一海之隔。1417年，苏禄（今菲律宾苏禄群岛）东王、西王和峒王率领家属和随从访华，两国来往从此变得特别密切。因此，这一时期有大批中国商人前往苏禄经商和定居。这些华侨多数都有一技之长，涉及农业、手工业和商业，其中当然也包括造纸业。由于大量华侨参与开发，吕宋岛南边的猫里务一时成为先进技艺汇集的沃土，当时还有习语说："若要富，须往猫里务。"

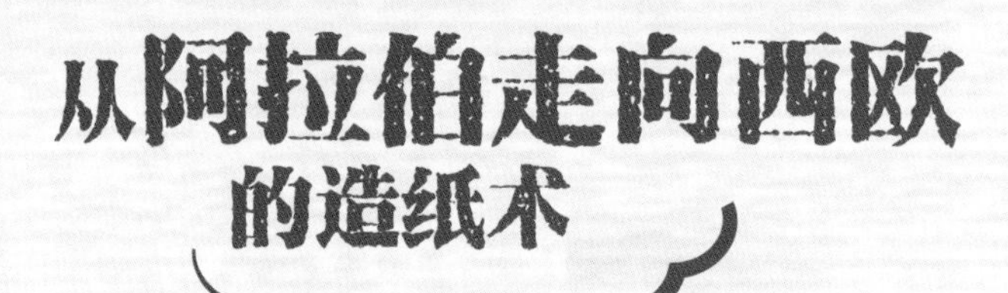

从阿拉伯走向西欧的造纸术

西欧各国引进造纸术是在文艺复兴前夕。在这以前，中世纪欧洲主要以羊皮和莎草片作为书写材料。阿拉伯国家通过公元 751 年的怛罗斯之战学会造纸后，很快把自己造的麻纸输出到欧洲，欧洲人从此用上了纸。

最早接触纸和造纸术的西欧国家是西班牙。圣多明各城发现的公元 10 世纪的手写本，是迄今西班牙境内所存最早的纸本文物。

整个 13 世纪，阿拉伯纸源源不断地流入意大利。1276 年，意大利人在蒙地法诺建起了第一家造纸厂，开始生产麻纸。

法国与西班牙接壤，因此法国的造纸术从西班牙传入的可能性很大。1348 年，在巴黎东南特努瓦附近建立的造纸厂，可能是法国最早的造纸厂。

德国早在 1228 年已开始用纸，但是一直是从意大利和法国进口的。直到商人斯特罗姆于 1390 年在纽伦堡建立了德国第一家造纸厂，这一局面才得以改变。

此后，瑞士人于 1433 年在巴塞尔建立了造纸厂；奥地利人于 1498 年在维也纳设厂造纸；荷兰人于 1586 年也开始造纸，并且于 1680 年发明了打浆机。到 17 世纪时，欧洲各主要国家都有了自己的手工造纸产业。

怛罗斯之战

怛罗斯之战（怛，音 dá），是唐玄宗时唐朝军队与来自阿拉伯阿拔斯王朝（也称黑衣大食）军队在中亚相遇发生的战役。怛罗斯的所在地至今还未完全确定，但据说在大诗人李白的出生地、唐代安西四镇之一的碎叶城附近，靠近今哈萨克斯坦的塔拉兹。这场大战役发生在公元 751 年（唐玄宗天宝十年）7 月至 8 月，战役的结果是黑衣大食取胜。

造纸术由陆路向西亚和欧洲的传播与怛罗斯之战有直接的关系。在这一战役中，共计一万余名唐朝士兵成为战俘，其中包括造纸工匠。这些工匠随军被带到阿拔斯王朝统治下的城市撒马尔罕（今乌兹别克斯坦的塔什干附近），并且在城中新建起的造纸作坊里工作。随后巴格达也出现了造纸作坊与纸张经销商，之后逐渐扩展到大马士革、开罗，以及摩洛哥与西班牙的一些城市。源自中国的造纸术在发明了将近 1000 年后，就这样被传到中亚、西亚和欧洲。当然，除了中国造纸工匠被俘后流落他乡传播造纸术，另一种可能是有文化交流使者已在此前到达了那里，但是目前还没有找到相关的记录。

斯特罗姆的“秘密”

1390 年，德国商人斯特罗姆在意大利北部商埠米兰游玩时，看到了那里的造纸生产情况，还遇到几名懂造纸技术的当地工匠。这几名工匠是弗朗西斯 · 马尔基亚和他的弟弟马库斯，还有他们的徒弟及随从巴塞洛缪斯。当时的德国还无法造纸，斯特罗姆便决定冒险回德国投资兴办一家造纸厂。于是，他说服这几名工匠离开意大利，随他去德国纽伦堡造纸。建造纸厂前，斯特罗姆还雇了一名叫作奥布塞尔的德国人作为工头和监工。

斯特罗姆开办造纸厂

为了防止造纸术传入德国其他地方，斯特罗姆可谓绞尽脑汁。他要求所有进入造纸厂工作的工人宣誓效忠，并且在十年之内不得以任何方式教别人造纸。对于有熟练技能的意大利造纸工，斯特罗姆采取了更严格的防范措施。他将他们带到市长面前，让他们向神灵宣誓，永远不能将造纸的秘密泄露给任何人。斯特罗姆还请了见证人对整个宣誓过程作了公证。办完所有保密手续后，斯特罗姆便令所有雇员开足马力造纸。造纸厂里所产的纸上都有字母“S”的水印标志，代表厂主斯特罗姆。在 1390 至 1394 年经营造纸厂期间，斯特罗姆的独家经营让他获得了巨大利润。斯特罗姆后来成为纽伦堡议会议员，转入政界。可以说，斯特罗姆的“秘密”让他名利双收。

荷兰打浆机

荷兰人在1680年发明的打浆机，又被称为“荷兰打浆机”，这是对造纸术的重要贡献。与拥有丰富水力资源的德国不同，荷兰是风车之国。荷兰人发现用他们的风车很难带动德国工匠造纸制浆时用的水碓，于是试图研制出比水碓所需动力更小、打浆效果更好的装置。经过多代造纸工匠的努力，荷兰打浆机终于诞生。荷兰打浆机目前还无法确认具体的发明人，一般认为是集体智慧的结晶。

从整体上看，荷兰打浆机是一个安装有可旋转硬木辊的椭圆形木槽。辊上带有30块铁制刀片，称为飞刀辊。槽底与辊之间有石制或金属制的“山”字形斜坡，上面带有固定不动的铁刀片，称为底刀。飞刀辊旋转时，通过飞刀与底刀的机械作用将原料切成纤维状。当原料沿飞刀辊转动时，便翻过斜坡的山形部，因重力作用顺斜坡流到槽的一端，经隔板再回流到槽的另一端，如此循环，反复被刀切碎。飞刀辊可用荷兰风车驱动，而且用此机器无需对破布等原料作预处理。荷兰打浆机后来传遍世界各地，并几经改进，在全世界流行了300多年。

第二章

文化篇

——纸文化的精彩故事

造纸是一项功在千秋的文化事业，因此中国的造纸技艺开始流行后，纸就被广泛地应用于各种文化活动中，令我们的生活变得五彩缤纷。可以说，传承千百年的纸文化，正是中华民族优秀文化的一个缩影。

关于纸的有趣成语和俗语

洛阳纸贵

晋代的著名文人左思写了一篇《三都赋》，由于写得非常精彩，当时首都洛阳的富贵人家争相买纸传抄，以至于京城的纸价都上涨了。

晚唐著名诗人李商隐写有一首名叫《锦瑟》的诗，诗中写道：“庄生晓梦迷蝴蝶，望帝春心托杜鹃。沧海月明珠有泪，蓝田日暖玉生烟。”后人评价这首诗“诗神诗旨，跃然纸上”。

跃然纸上

纸上谈兵

约 2300 年前的战国时期，赵国名将赵奢的儿子赵括兵法学得很好，谈起军事理论来连父亲也难不倒他。然而，后来赵括接替大将军廉颇带兵上战场时，却因只知道根据兵书办事、不知道灵活变通而导致惨败。

后来，“纸上谈兵”就用来比喻空谈理论，不能解决实际问题。

纸包不住火

纸是一遇火就燃烧的物品，当然没有办法把火包在纸里面。人们以此来比喻事实真相是掩盖不了的。

纸出现之前的读书故事

蒲草笔记

西汉的路温舒小时候家中贫寒，没钱读书。一次野外放牧时，他发现宽宽的蒲草可以用来写字，于是将蒲草采回家，边读书边在蒲草上做笔记。他读一本，抄一本，终成知识渊博的学者。

陶罐笔记

元朝末期的著名学者陶宗仪避乱于松江华亭（今上海市）时，在田野里耕作，累了便坐在树下歇息、读书。每有所感，他就取出随身带的笔砚，在树叶上记下来，并将树叶笔记放入准备好的陶罐中，埋入树下。经过 10 余年的积累，竟积累了好几陶罐的树叶笔记。后来，这些笔记经加工整理，成了一本颇有学术价值的《南村辍耕录》。

韦编三绝

传说儒家学派的创始人孔子为了读通《周易》一书，反复阅读推敲，连竹简上用来连接的牛皮带子都翻断了。后来人们用这个成语比喻读书非常勤奋。

东方朔上书三千牍

汉武帝刚当皇帝时，下令征召天下德才兼备的人来当官。全国各地自认为有才有德的人纷纷上书应聘。后来，辞赋家东方朔也给汉武帝上了书，一共用了三千片简牍才写完他要说的话。相传汉武帝读了两个月才读完，真是累坏了。

学富五车

道家学派的代表人物庄周在《庄子》一书中写道："惠施有方，其书五车。"惠施是春秋战国时代诸子百家里很有名的一位思想家，以博学善辩而天下闻名。庄子形容惠施有学问，读过的书要用五辆车子来拉。

罄竹难书

这个成语最早出现于吕不韦编写的《吕氏春秋》一书中：“乱国所生之物，尽荆越之竹，犹不能书也。”意思是政治败坏所产生的乱亡之象，多到用尽盛产竹子的荆、越两地的竹子都写不完。后人用这个成语比喻罪恶太多，举不胜举。

读书破万卷

唐朝大诗人杜甫的名句“读书破万卷，下笔如有神”形容读书很多以后，学识渊博，写出的文章如同有神仙帮助一样精妙绝伦。

中华一绝——文房四宝

古代文人书房

在数千年的文明长河中，中国人发明了独具中国特色的书写与绘画方式：用墨块在砚台上磨成墨汁，再用毛笔蘸墨汁，在手工制成的纸上书写或绘画。由于笔、墨、纸、砚这四种工具是中国文人几乎每天要用的随身之物，而且大多是在书房和画室之中使用，因而就有了“文房四宝”这一统称。文房四宝中代表性的产品为浙江湖州的毛笔、安徽徽州的墨、安徽泾县的宣纸和广东肇庆的砚。

仿唐鸡距毛笔

文房四宝之一：纸

作为文房四宝之一的纸是有特殊内涵的，主要指的是用来写字画画的高级书画用纸，如安徽省泾县用青檀树皮加沙田稻草制成的宣纸、四川省夹江市用竹子制成的竹宣书画纸、河北省迁安市用桑树皮制作的高丽纸等。

文房四宝之乡——安徽宣城

宣纸文化园

文房四宝之二：墨

墨是中国文化孕育出的特色产品，与中国古代人特殊的书写方式紧密相关。成熟的墨是采用松木、桐油、生漆等材料燃烧取烟，并加入麝香、珍珠、冰片等名贵材料精心制作而成。通常，压成墨块后，要在阴凉的贮墨房里存放春、夏、

燃烧取烟图

秋、冬四季，然后才能形成合格的松烟墨、油烟墨和漆烟墨。在宋代以前，中国最著名的制墨地点在河北省的易水河一带，由姓奚的家族代代相传；而宋代以后的中心一直在徽州府，也就是今天的安徽省黄山市一带。

徽州墨厂

各式徽墨

文房四宝之三：笔

古代工匠制作的毛笔

文房四宝中的笔与铅笔、圆珠笔或钢笔大不相同，它们大多是由竹木类材料制成长筒笔杆，由羊、黄鼠狼、兔子等动物的毛制成笔头的毛笔。传说，毛笔是秦始皇的大将军蒙恬发明的，后来安徽宣城有一个姓诸葛的家族制笔水平高，就有了唐宋时期著名的宣笔。而今天，中国制毛笔的中心当属浙江省湖州市。

文房四宝之四：砚

古代工匠雕砚

砚的用途是磨墨、盛墨和用毛笔掭笔蘸墨，是中国古代文人写字画画不可缺少的宝贝。砚台的制作材料很多，早期有陶、瓷、玉、铁、铜等，唐代以后就流行用石头制砚了。按照古人的说法，适合做砚台的石头需要呵气出水、贮墨不涸、发墨如油，用手轻轻摸上去如同婴儿肌肤般细嫩柔滑。根据这个标准，中国形成了四大名砚的说法，即广东肇庆府（古称端州）的端砚、安徽徽州府（古称歙州）婺源县的歙砚、甘肃洮州府（今甘肃省卓尼县）的洮河砚和山西绛州一带的澄泥砚。

罗纹金晕歙砚

宋代砚台

历史悠久的纸文化

在没有玻璃的时候，中国古代的老百姓想到了在窗户上糊纸来挡风避尘。同时，向往美好生活的人们还用手工纸剪出美丽的窗花，让自己的心情愉快起来。

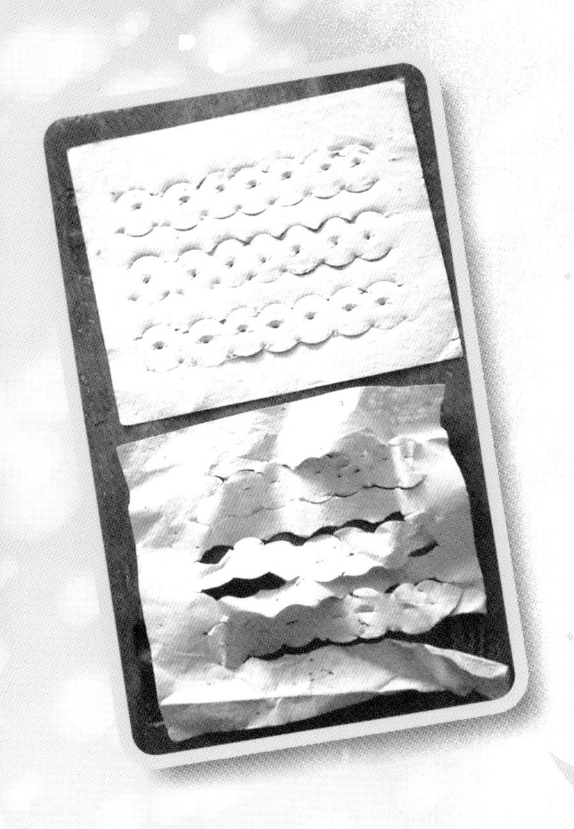

祭祀是旧俗备供品向神佛或祖先行礼，表示崇敬并求保佑的仪式。古代中国人祭祀时所烧的纸多数是用竹作为原材料制作的，通常做成钱币的形状。

祭祀用的竹纸（钱纸）

抄写经文是僧人的日常功课，表示礼敬佛祖、学业勤奋。抄经时会使用一种特别制作的抄经纸，汉民族古代用得最多的是黄麻纸，这种纸用中药黄蘖浸染过，虫不蛀、菌不侵，利于保存。藏族和纳西族的僧人则用狼毒草等微毒的植物做成纸，同样也是“纸寿千年，经传长远”。

孔明灯又叫许愿灯，是一种古老的汉族手工艺品。传说 1700 多年前的三国时期，诸葛亮被围困在平阳，没有办法派兵出城求援。他算准风向，将求救的信息系在纸灯笼上，放飞到空中。果然，几天后援兵赶到，诸葛亮成功脱险。因为诸葛亮字孔明，所以人们就将这种会飞的灯笼叫作“孔明灯”。时至今日，一些地方在元宵节、中秋节等重要节日时还有用孔明灯祈福的习俗。

剪纸是中国最古老的民间艺术之一。顾名思义，剪纸就是用剪刀将纸剪成各种各样的图案，用于窗花、门笺、墙花、顶棚花、灯花等。每到重大节日时，人们都喜欢用剪纸表达自己喜悦和祝福之情。传说，中国剪纸是在公元前 3 世纪的春秋战国时期发明的，不过当时人们是利用非纸质的薄片材料（如金箔、皮革、绢帛、树叶等），通过镂空雕刻的技法制成工艺品。到汉代纸发明后，剪纸艺术才更广泛地传播开来，成为中国文化里一种重要的习俗与技艺。

剪纸艺术品

纸灯笼是春节等中国传统节日期间每家每户必挂的节庆物，多以细篾或铁丝等制骨架，蒙以纸绢等透明物，内燃灯烛，用来观赏或照明，增添节日气氛。

相传在西汉时，人们经常受到猛兽的侵犯，于是组织起来一起消灭猛兽。不巧的是，有一只天帝最喜欢的神鸟迷路降落到人间，被人们误作猛兽射死。

天帝知道后，一气之下让天兵天将在正月十五去人间放火。天帝的女儿非常善良，她不忍心看到这么多人无辜受累，在多次劝说父亲无果后，就偷偷跑到人间，将这个消息告诉了地上的人。人们十分害怕，不知道如何是好。这时，一个聪明的小伙子想出了办法，他让每家每户在正月十五、十六、十七这三天挂上红红的灯笼、燃放爆竹，让天帝误以为天兵天将已经放过火了。果然，到了正月十五这一天，天帝看见人间火光满天、响声连连，就没有再下旨放火了。人们为了感谢和纪念这个聪明的小伙子，每年正月十五都会挂上灯笼，象征喜庆红火。经过历代艺人的继承和发展，纸灯笼的形式越来越多，不仅有宫灯、纱灯、吊灯等不同样式，还有人物、山水、花鸟等不同造型。

纸伞又称油纸伞，是中国的传统手工艺品。中国是世界上最早发明伞的国家，相传伞是鲁班的妻子云氏从供游人避雨休息的凉亭受到启发而设计制造出来的，当时被人们称为“簦”。伞初期多以羽毛、丝绸等制作，在纸发明之后制伞的材料逐渐被纸取代。纸伞确切的发明时间目前还难以确定，大约在唐朝时传至日本、朝鲜等国。纸伞的制作和用料十分严格，伞面需用上好的桃花纸或特级棉纸，在柿子漆里浸透，一张张粘贴在伞骨上。伞柄和伞骨由竹子或木头制成，用发线扎好。伞面糊好后还要绘上图案，涂上桐油，最后在室内吊起阴干。

纸伞在中国文化发展史中被赋予了丰富的文化内涵，例如，读书人去京城考试时，行囊里除了书本外，一定会带一把红油纸伞，期盼路途平安、高中状元。现在在中国很多地方，仍有送纸伞给考生的习俗。

家家户户
贴春联

贴春联是中国人庆祝春节的重要方式。中国人用对仗工整、简洁精巧的文字写春联，借以表达美好的愿望，增添喜庆的气氛。当家家户户在自家门上贴上春联时，意味着春节正式开始了。

春联起源于桃木板符，“春联”这个词语的出现是在明代初年。当时，明太祖朱元璋十分喜欢热闹，也酷爱桃符。除夕前，他颁布谕旨，要求金陵每家每户用红纸写成春联贴在门上，迎接新年。大年初一的早晨，朱元璋挨家挨户巡视，突然发现有一家没有贴春联，他十分生气，问为什么没有遵从他的旨意。侍从赶紧回答说，这家人以杀猪为业，过年特别忙，还没来得及请别人帮他家书写。朱元璋命人拿来笔墨纸砚，亲手为这家写了一副春联：“双手劈开生死路，一刀割断是非根。”由于朱元璋的提倡和推广，贴春联这一习俗很快推广开来，最终成了中国传统节日中的重要习俗。

中国的扇子最早出现在商朝，当时是用色彩艳丽的野鸡毛制成的，用来给君主外出巡视时遮蔽阳光或抵挡风沙。汉朝时，扇子才开始被人们用来扇风取凉。团扇又称宫扇，起源于中国。团扇是一种圆形或近似圆形的扇子，扇柄较短，多为女性随身佩带。到了唐朝，团扇传入日本，最初只供上流社会的贵族和大臣使用，一直到平安时代（公元794 ~ 1192 年）才被允许给百姓使用。

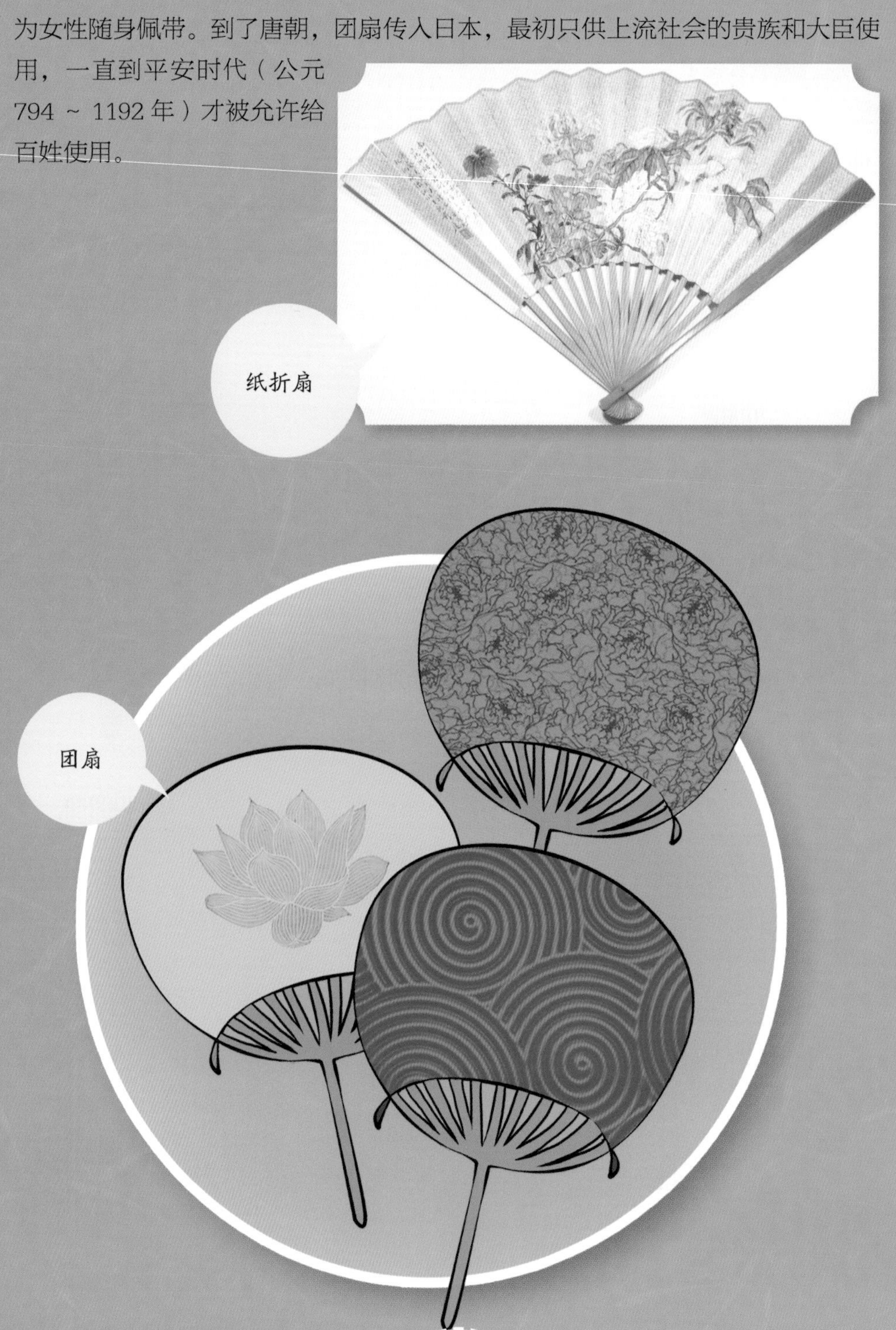

年画是中国古代传统民间艺术形式之一，通常以手绘或套色印在纸上。人们在新年时贴年画，表达祈福吉祥的愿望。据记载，唐太宗李世民有一次生了重病，梦里总是听到鬼哭神嚎的声音，夜不能寐。大将军秦叔宝、尉迟恭知道后，自告奋勇地穿着盔甲站在宫门两侧值夜班，结果李世民此后再也没听到异常的声音，睡得很香。后来，李世民命令画工将他俩威武的形象画在宫门上，称为“门神”。民间仿效这一做法，渐渐演变成了今天的年画。苏州桃花坞、天津杨柳青、山东潍坊和四川绵竹是我国著名的四大民间木刻年画产地，被誉为中国“年画四大家”。

年画

家谱

家谱又称族谱、宗谱等，是中国古代记载以血缘关系为联系的家族世代繁衍和重要人物事迹的图书体裁，通常用宣纸、竹纸、树皮纸等书写或印刷而成。

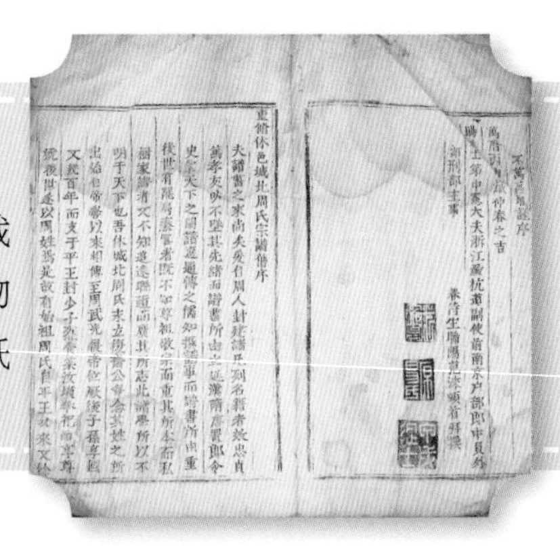

告示

古代用树皮纸抄写政府机关的公文或通告，贴在墙上。

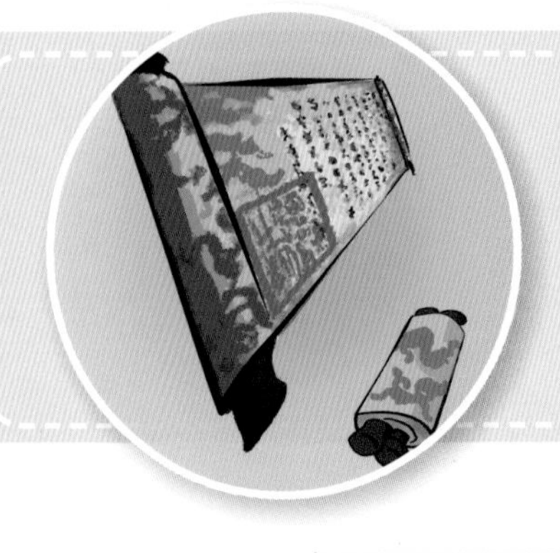

圣旨

皇帝的命令或言论非常正规地抄写在专门制作的贡纸或贡绢上，昭告天下。

祭祀

世界各国都有祭祀的习俗。在中国，最常见的祭祀是每逢春节、清明节、中元节等重要节日时，家家户户烧纸钱祭拜神灵或祖先。

第三章

技艺篇

——纸是怎样制作出来的

中国传统造纸术的核心秘密是：选择纤维合适的植物，将它们通过一系列工序打成浆，然后用细竹子编成的竹帘在纸槽里捞成薄薄的一层，或者将纸浆浇在帘子上。本章按照蔡伦提炼的标准造纸工序，介绍手工纸繁杂而精巧的制作工艺。

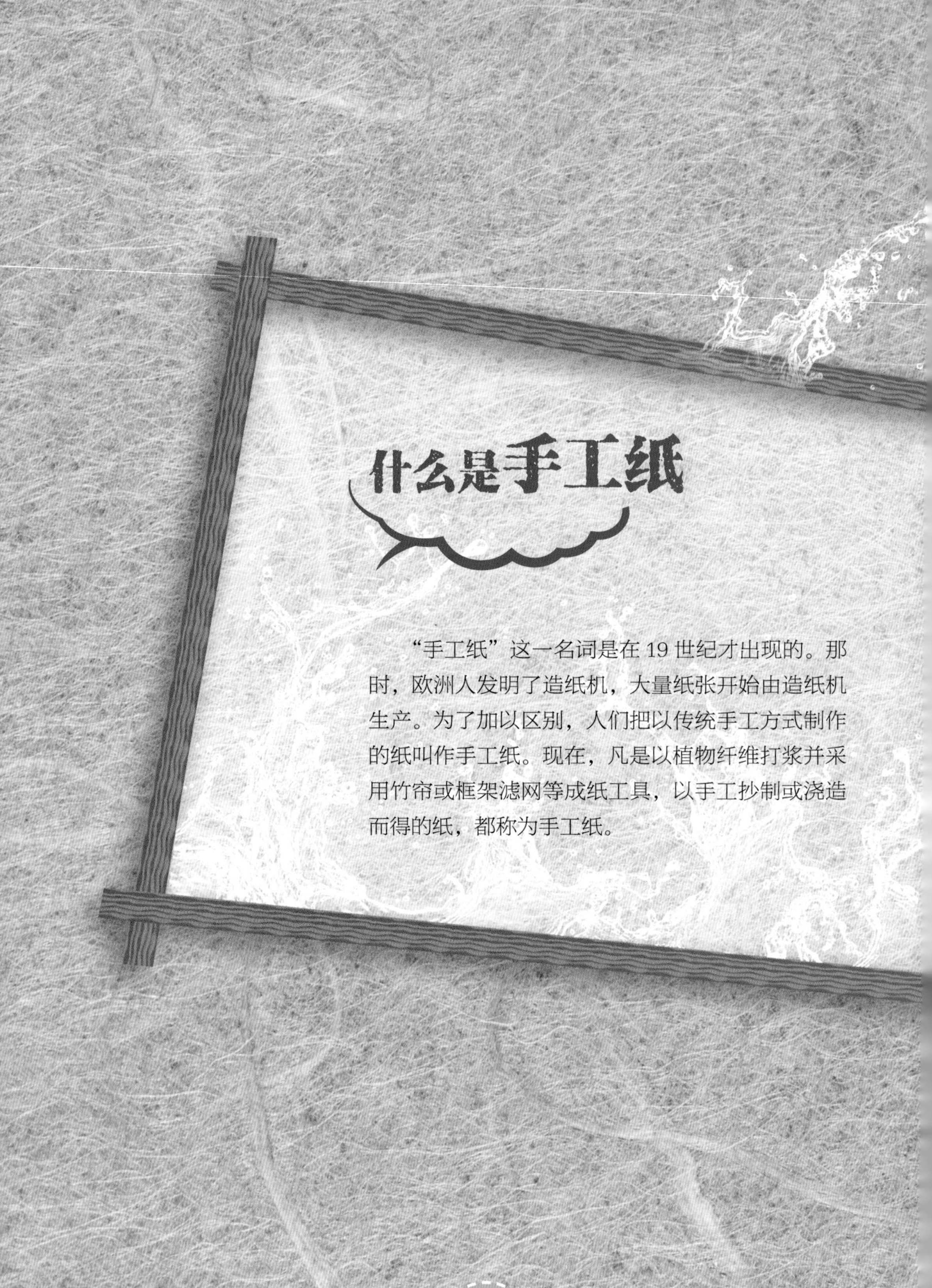

什么是手工纸

“手工纸”这一名词是在 19 世纪才出现的。那时，欧洲人发明了造纸机，大量纸张开始由造纸机生产。为了加以区别，人们把以传统手工方式制作的纸叫作手工纸。现在，凡是以植物纤维打浆并采用竹帘或框架滤网等成纸工具，以手工抄制或浇造而得的纸，都称为手工纸。

形形色色的手工纸

中国水墨书画的经典载体——宣纸，原产于安徽省泾县，因为泾县古代归宣州管辖，故称“宣纸”。宣纸是中国人专门用于书法和绘画的纸，特别适合用毛笔蘸墨汁书写。据说在约 700 年前（宋元时期），宣纸由当地曹氏家族发明，用青檀树皮和沙田稻草混合制成，并历代相沿，成为中国水墨艺术最具特色的载体。2009 年，宣纸被联合国教科文组织列入人类非物质文化遗产名录。

蔡伦造纸的原材料

蔡伦造纸时喜欢用废旧的原材料（当然这些原材料都富含植物纤维），这是非常有意思的爱好。要知道，他当时在皇宫里供职，是一位很有地位也很有钱的官员。蔡伦仅仅是想让他造的“蔡侯纸”更便宜吗？这可以说是一个谜。

破渔网
麻头
树皮

蔡侯纸的制作流程

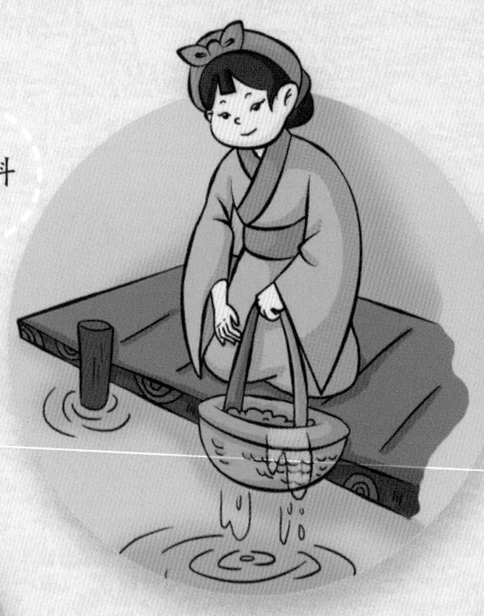

9. 晾纸

1. 切麻

5. 舂捣
6. 打浆
7. 抄纸
8. 榨纸

植物纤维从哪里来

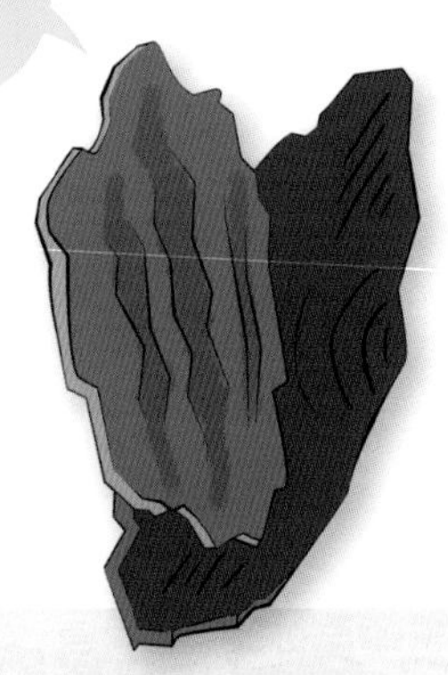

植物纤维是造纸用的纤维原料的主体，也是纸浆中最重要的成分。手工造纸所采用的植物纤维原料多种多样，不同的纸种对原料的要求也不一样。树皮、竹子、麻、草、藤等都是手工纸纤维的主要来源。

青檀树

一些特殊用途的纸会采用纤维又韧又长的植物作为原料，如瑞香狼毒、芦苇、青檀树、桑树、龙须草、滇洁香等。

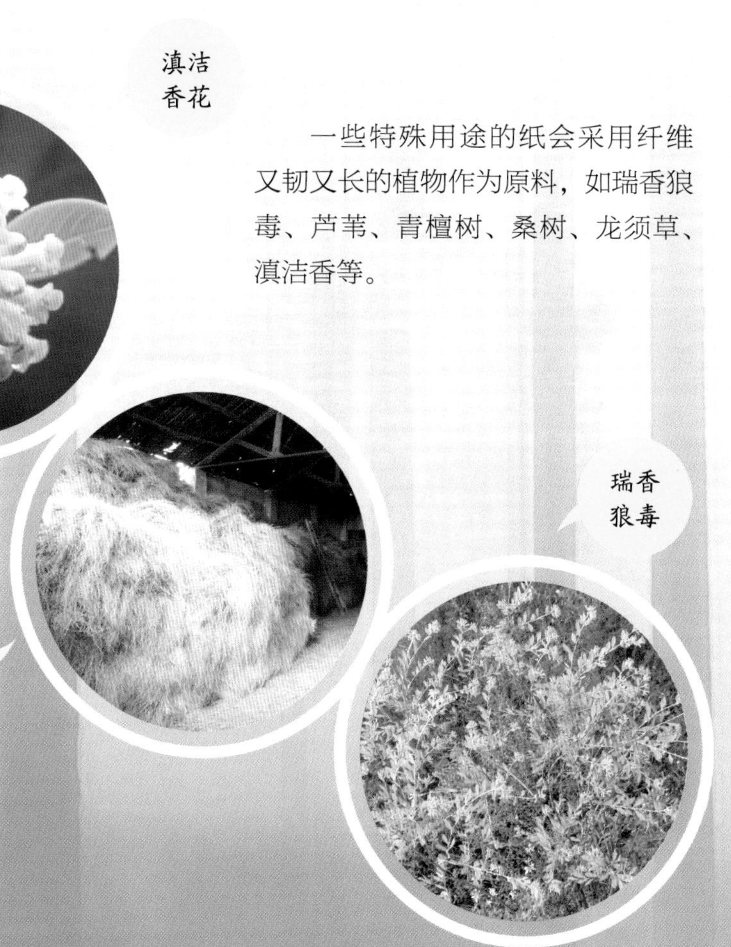
滇洁香花

龙须草

瑞香狼毒

植物纤维的获取

最常见的两种手工纸分别是树皮纸和竹纸。树皮纸是以多类树皮为原料制成的纸，而竹纸则是以竹子为原料制成的纸。这两种纸的纤维获取流程相似，但也有不同之处。下面，我们就来体验一下树皮纸和竹纸获取纤维的全过程吧！

2. 剥皮
3. 晒皮
与捆竹
下页

4. 浸泡
6. 蒸煮
石灰
5. 沤制

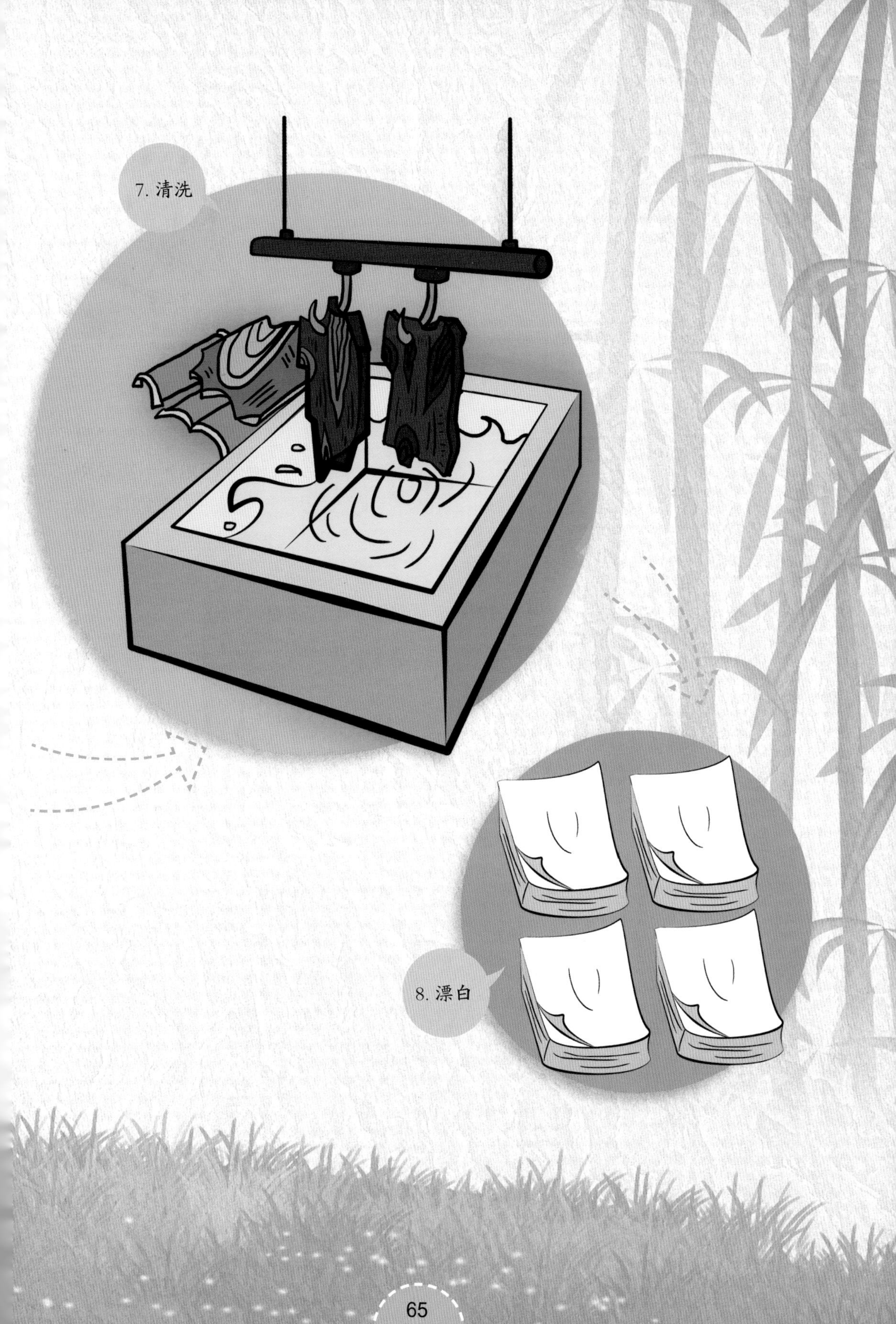
7. 清洗
8. 漂白

纤维的改造——打浆

俗话说："三分造纸，七分打浆。"经过打浆之后，纤维才能被改造成造纸需要的形态，从而保证最后得到的纸张质量上乘。打浆的方式多种多样。

如果放在显微镜下仔细观察，你会发现，打浆前的纤维硬挺光滑，而打浆之后的纤维则像扫帚的毛一样柔软可塑。造纸术语将这一关键的变化称为"纤维帚化"，帚化不好的纤维就造不出合格的手工纸了。

云南曼召小和尚与纸睡毯

打浆后准备好的纸纤维团

在过去的中国乡村里，毛驴推磨时都会被一块布遮住双眼，这样它就不会因为知道主人让自己一直在原地打转而闹脾气啦。当然，因为牛老实而又力气大，造纸时拉动大石碾的基本都是牛。

成纸方式之一——抄纸

纤维准备就绪后，就到抄纸这一步骤了。抄纸是正宗的蔡伦造纸工序，也是中国最普遍、最传统的造纸工艺。不过，别着急，在正式抄纸之前，还有两步准备工作要做。

1.打槽

将纸浆团放进纸槽，加水，用拱耙将纸浆打散打融，再用捞筋棍捞出没有打融的纤维（也就是纸筋）。这个过程就像筛面粉一样，目的在于去粗存精。

2.加纸药

将仙人掌捣破，用水浸泡 12 小时之后，再用布袋把溶在水中的仙人掌汁过滤到纸槽中，然后用拱耙将纸浆和纸药打匀。仙人掌作为纸药主要流行在中国的西南地区，如云南、贵州。当然，除了仙人掌以外，杉松树根、猕猴桃藤、黄蜀葵杆叶等也都可以做纸药。使用纸药的目的主要是便于将一张张压在一起的纸张分开，因此纸药又叫“分张剂”。这真是一种非常奇妙的发明，没有它，造纸的效率就会大大降低。

仙人掌汁做纸药

3.抄纸

双手持细竹条棍做成的纸帘，插入纸槽前后荡水，使池水里悬浮的纸浆纤维均匀地平铺在纸帘上，形成薄薄的一层湿纸，随即将纸帘提出纸槽，将湿纸翻盖在湿纸垛上，然后继续抄下一张纸。

抄纸

4.压榨

抄完一垛纸后，使用木榨或石头进行压榨，去除纸垛中的水分。一垛纸从几百张到千余张不等，基本上是半天或一天的抄纸量。压榨后的纸垛通常只剩原来的三分之一厚，也称为“纸饼”。

压榨

成纸方式之二——浇纸

用葫芦瓢浇纸

与抄纸相对应的另一种成纸方式是浇纸。顾名思义，抄纸是用纸帘把纸浆从水里抄出来，而浇纸则是把纸浆浇到纸帘上。浇纸法不是蔡伦的发明。根据学者的考证，浇纸法发源于印度、泰国、缅甸一带。中国仅在云南、西藏以及贵州的少部分地区有这种传统造纸工艺。

在纸槽里盛上七分满的清水，再将纸帘置于纸槽内，使纸帘悬于水中。然后取适量纸浆置于纸帘上，双手不停搅动水面，使之旋转、翻动，这样就能把浆团搅散，使纤维分散开来，同时除去杂质。

待纤维大体在纸帘中分布均匀后，仔细观察纤维分散的疏密情况，再手心朝下有序地拍打水面，引导纤维流动走向，使之均匀分布。然后换用手背有序地轻掠水面，使水面平静，多次交叉进行以上操作，使纤维均匀分布于纸帘中。

最后，用均匀棒轻拍水面，加快纸浆下沉，使纤维分布更匀。待纤维分散并均匀下沉后，双手端平纸帘缓慢提出水面，稍停顿后，倾斜竖起纸帘，靠放在墙边。

此外，还有一种有趣的浇纸方式是用一个葫芦瓢舀上纸浆，缓缓地向纸帘上浇，一边浇一边观察哪一块浇得薄了，以便后续及时补上。这种浇纸法对造纸工匠的技术有一定要求，一旦纸晒干了而有些部分没浇上或浇太薄了，就成了次品纸。

晾晒与烘烤

根据成纸时选取的工艺不同，晾晒与烘烤环节对应的方法也不同。

抄纸法的主流干燥方式是烘烤：用专门砌成的土制、水泥制、钢板制烘墙，内部点火加温，能够批量、快速地烘干湿纸。不过，抄纸也可以用晾晒干燥方式，一般对纸的精致细匀要求不高的祭祀用竹纸或普通用途的树皮纸会一叠多张地晾在竹竿上或屋梁上，也有直接摊在水泥场地上晾晒的。

浇纸法由于纸浆纤维是直接浇在木板上或纸帘上的，因而晾晒时是纸与板一起晒的，也就是一张纸一张晒板或纸帘。在浇纸晾晒的过程中，为使水分均匀挥发，纸面平整，一般晒 1 小时左右就要将纸帘头尾互换。

晒纸

研光

浇纸在晾晒过程中还有一道工序，叫作研光。当纸晒至七八成干时，手持沿口完整、光滑的鹅卵石、瓷碗或口杯，并将其扣在纸上，向不同方向来回轻轻磨压纸面，从而使纸更紧密、光滑和平整。

土火墙烘制纸

浇纸法的揭纸工艺

纸晒干后，将纸帘斜靠在腿上，先用手撕开右上角，然后用矛形木制揭纸刀从揭开的角缝处插入，由右至左、由上至下沿纸帘面滑动。至纸面约三分之一处时，将纸向下折叠，继而揭下整张纸。

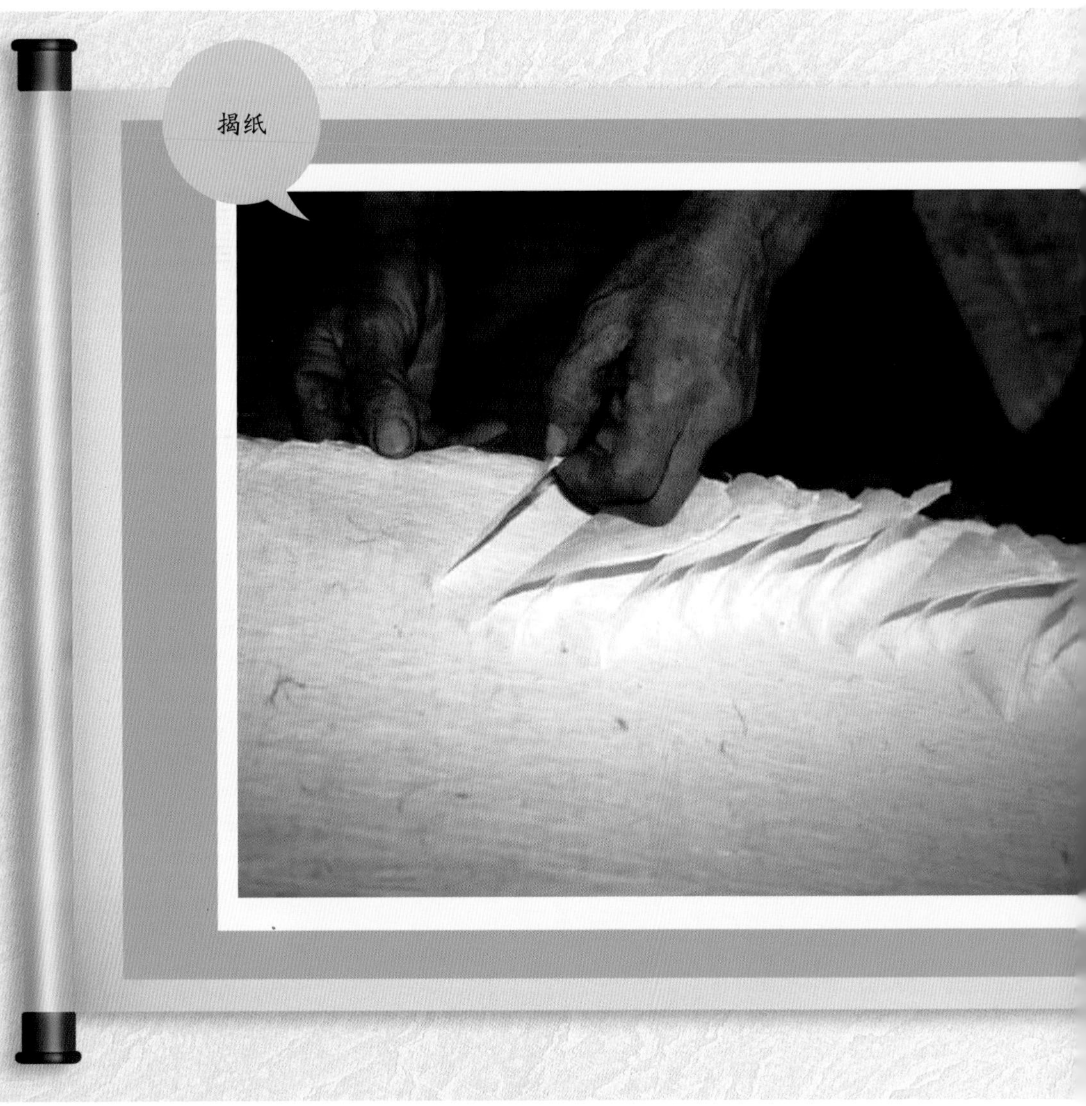

抄纸法的揭纸工艺

因为抄纸法主要用火墙对湿纸进行烘干，或者是刷在墙上晾晒干，所以揭纸时是从火墙上或者白墙上从右至左、从上至下缓缓揭下。每张纸的纸角用揭纸工具轻挑一下，即可成排顺利揭下来。

火墙揭纸

成品纸

纸揭下后，要进行折叠或打捆包装。一般乡间的竹纸和树皮纸以 5 张、10 张、15 张等规格为一沓进行包装。至于宣纸，则通常采用以 100 张为 1 刀的标准规格。当然也有的纸是整张压平，几百张一大捆包装。

后 记

·中华民族拥有悠久的历史和灿烂的文明，中国数千年重大的发明创造当然远远不止造纸术、活字印刷术、火药和指南针这四种。但是，从科学的原理到技术的实现，再到知识传播、国家治理、军事与民生应用，四大发明深刻地改变了中国人的生存与生活方式，同时通过广泛的国际传播和文化输出，大力地推动了古代世界文明的发展进程。

在本丛书的构思创意过程中，汤书昆、张燕翔设计了核心的内容框架和撰写方式。同时，这一面向世界以青少年为主要对象的文化普及方案得到了中国科学院科学传播局周德进局长、中国科学院自然科学史研究所张柏春所长的全力支持与指导。浙江传媒学院许盛老师为本丛书绘制了插图和封面。黄山市地方志办公室陈政先生、巢湖市掇英纸笺有限公司刘靖先生、中国宣纸集团公司黄飞松先生、安徽省休宁万安中国罗盘博物馆、中国科学技术大学手工纸研究所为本丛书提供了照片。

在此一并致以编写组全体成员的衷心感谢！

汤书昆

2015 年 3 月

图书在版编目（CIP）数据

造纸术 / 汤书昆等编写 ; 许盛绘. -- 杭州 : 浙江教育出版社, 2015.4
（图说中国古代四大发明 / 汤书昆主编）
ISBN 978-7-5536-2856-1

Ⅰ. ①造… Ⅱ. ①汤… ②许… Ⅲ. ①造纸工业－工业史－中国－普及读物 Ⅳ. ①TS7-092

中国版本图书馆CIP数据核字(2015)第059916号

图说中国古代四大发明
造纸术
汤书昆 主 编
汤书昆，张燕翔，朱赟，罗文伯 编 写
许盛 绘

责任编辑 蔡 歆
责任校对 苟志和
责任印务 陆 江
出版发行 浙江教育出版社
（杭州市天目山路 40 号 邮编 310013）
图文制作 杭州林智广告有限公司
印 刷 浙江新华数码印务有限公司
开 本 710mm × 1000mm 1/16
印 张 5
字 数 100000
版 次 2015 年 4 月第 1 版
印 次 2015 年 4 月第 1 次印刷
标准书号 ISBN 978-7-5536-2856-1
定 价 35.00 元

联系电话：0571-85170300-80928
e-mail: zjjy@zjcb.com 网址：www.zjeph.com